疯狂的生物

生物

细胞

洋洋兔·编绘

科学普及出版社

·北京·

图书在版编目（CIP）数据

疯狂的生物.细胞 / 洋洋兔编绘. -- 北京 : 科学
普及出版社, 2021.6（2024.4重印）
ISBN 978-7-110-10240-4

Ⅰ.①疯… Ⅱ.①洋… Ⅲ.①生物学－少儿读物②细
胞－少儿读物 Ⅳ.①Q-49②Q2-49

中国版本图书馆CIP数据核字(2021)第000922号

作　　者	洋洋兔
出 版 人	秦德继
策划编辑	邓　文　张敬一
责任编辑	李　睿
图书装帧	洋洋兔
责任校对	焦　宁
责任印制	李晓霖

出　　版	科学普及出版社
发　　行	中国科学技术出版社有限公司发行部
地　　址	北京市海淀区中关村南大街16号
邮　　编	100081
发行电话	010-62173865
传　　真	010-62173081
投稿电话	010-62103347
网　　址	http://www.cspbooks.com.cn

开　　本	720mm×787mm　1/12
字　　数	160 千字
印　　张	24
版　　次	2021年6月第1版
印　　次	2024年4月第3次印刷
印　　刷	河北朗祥印刷有限公司

书　　号	ISBN 978-7-110-10240-4/Q · 258
定　　价	180.00元（全8册）

目录

什么是细胞

我们的地球上生活着许许多多的生物。

比如，沙漠里的仙人掌。

海洋里的鲸。

南极的企鹅。

虽然都是生物，但你一眼就能看出它们的不同之处。
不过，它们也有很多相同的地方。

都能从外界不断获取
养分和能量。

都能进行呼吸。

慢慢长大和繁殖下一代。

几乎所有的生物都是由许许
多多形状不一的小细胞构成
的，包括你。

都有从父辈那里遗传和变异的特征。

细胞是生命活动的基本单位。如果把生物比喻成高楼，那细胞就是建造高楼的一块块砖头。

这个比喻很好，但我不完全赞同。

砖头既不能长大，又不能活动，是死的，但细胞是活的。

救命啊！

活跃的细胞才能造就充满活力的生物！

想看清楚这些小不点儿，是要借助专业设备的。

细胞的个头非常小，除了一些特殊的细胞之外，一般来说，我们很难用肉眼直接看到它们。

显微镜是学习生物的好帮手，它能把微小的细胞放大，让我们看得更清楚。

快来看，这些小细胞挤在一起，可真热闹。

动物细胞里的成员

我们来画一个简单的细胞。

先画一个红色的大圆圈，然后在大圆圈的里面画上一个小圆圈，最后给小圆圈涂上黄色，这样就完成了。

> 这是细胞最基本的结构，红色圆圈叫细胞膜，黄色圆圈叫细胞核，它们之间的物质叫细胞质。

真实的细胞可不是平的，而是立体的。细胞质包围着细胞核，细胞膜包围着细胞质。

> 煮熟的鸡蛋有蛋壳、蛋白和蛋黄，层层包裹。细胞膜、细胞质和细胞核也是如此。

> 它会有鸡蛋那么好吃吗？

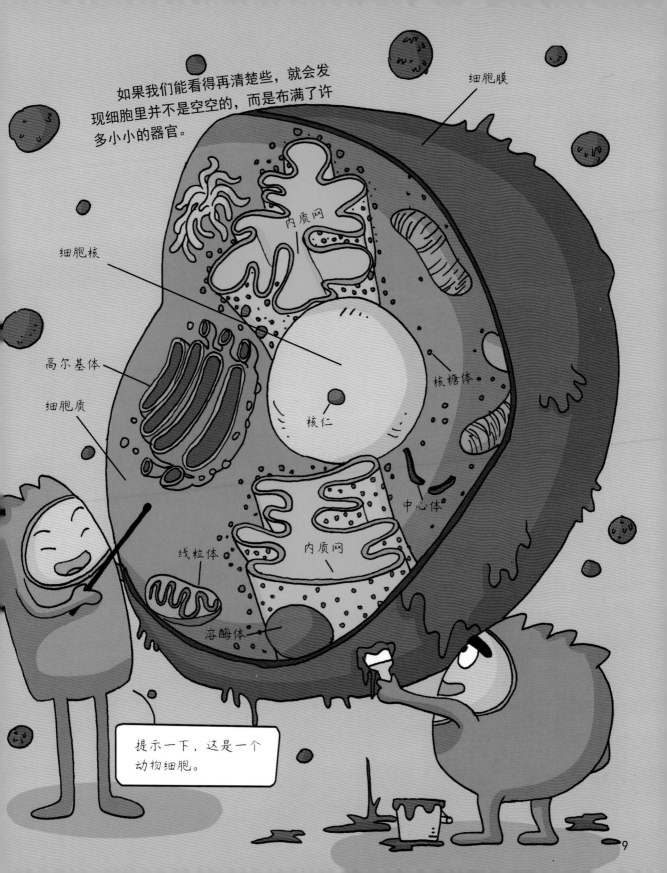

细胞工厂的"门卫"——细胞膜

瞧！前面就是细胞工厂。

细胞看起来好复杂，但把细胞看成一座工厂，就很好理解了。我们去看看。

想要进入细胞工厂，需要先通过细胞膜。为了保障安全，工厂门口都有门卫进行检查盘问。而细胞膜就是细胞工厂的门卫。

站住，请你们出示证件！

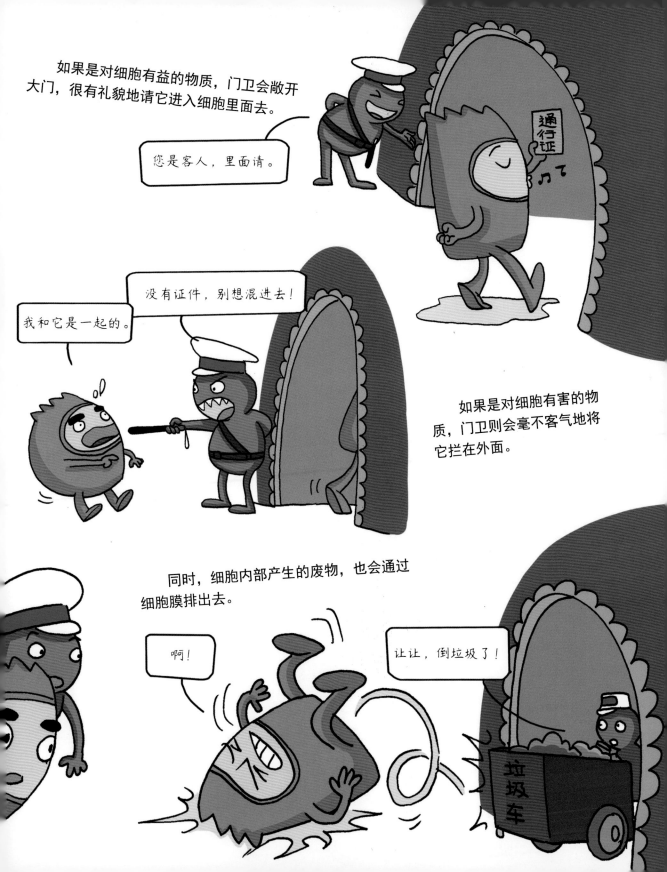

细胞内的"发电厂"
——线粒体

工厂离不开电，有了电，工厂才能正常开工。细胞也是如此。

它们叫线粒体。

线粒体可以源源不断地为细胞提供能量。

在细胞里，有很多很多的"发电厂"，它们看起来很像小面包棍，毫不起眼，但却无比重要。

发电厂通过在锅炉里燃烧煤炭，驱动发动机发电。线粒体则利用氧气"燃烧"食物来驱动"发电机"发电。

发电锅炉

如果我们进入线粒体里面，会发现很多奇怪的褶皱。褶皱上无数的小颗粒，就是线粒体的"发电机"。

这些褶皱可以增加面积，安装更多的发电机。

小心！

啊！我好像被电了一下。

你的每一次运动，每一次呼吸，甚至每一次思考，都需要这些能量。

那我要多储备一些。

线粒体的电能会被储存起来，就像一个个小电池，释放供整个细胞使用的能量。

运动量越大的人，需要的能量越多。细胞也是如此。所以，越活跃的细胞，里面的线粒体就越多。

细胞的"生产车间"
——核糖体

平时，爸爸妈妈总是让我们多吃鸡蛋、多喝牛奶，来补充蛋白质。蛋白质非常重要，我们的骨骼、皮肤、肌肉、毛发、指甲都离不开它。

瞧，这些核糖体就是蛋白质的生产车间。它们散布在细胞质中，像一个个小蝌蚪。

核糖体生产的蛋白质用来建设细胞自己。

这些蛋白质进入细胞质后，被分配到需要的地方。

有些核糖体比较懒，喜欢粘在一张巨大的网膜上，组成另外一个
生产车间。因为靠近细胞质内侧，所以叫内质网。

这种光滑的、没有核糖体的内质网，
主要生产脂类。

内质网生产的蛋白质是半成品，
所以还需要进行再加工。

细胞的"加工车间"
——高尔基体

内质网会生产一些小泡。这些小泡就像工厂里的小货车一样，把半成品的蛋白质运往加工车间。

这个就是加工车间吗？

没错，它和内质网很像，名字叫高尔基体。

高尔基体会将内质网送来的蛋白质进行加工、分拣，然后包装。

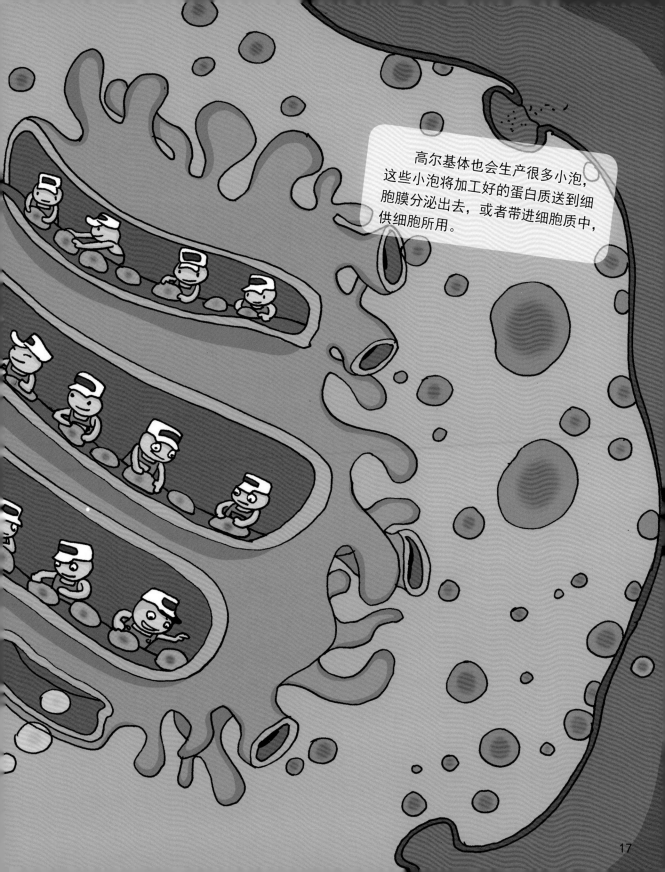

高尔基体也会生产很多小泡，这些小泡将加工好的蛋白质送到细胞膜分泌出去，或者带进细胞质中，供细胞所用。

溶酶体和中心体

细胞工厂会产生垃圾和废物。如果这些垃圾和废物不处理，就会破坏细胞。负责处理垃圾的，就是小小的溶酶体。

它们可以把细胞内产生的垃圾清理干净，然后排出细胞外。

快点儿，快点儿，那边还有好多垃圾要处理。

又是你们两个，不准在这里制造垃圾！

溶酶体不仅是垃圾清理车间，还是废物回收中心。它可以把一些废物转变成有用的东西，使这些废物可以再次被细胞吸收利用。

有用的全部拣出来留下。

18

时间久了，一座工厂的机器、车间甚至整座工厂都会变得老旧，甚至被拆掉。

细胞也是如此，会慢慢地衰老，需要被拆除（分解）。拆除一个衰老的细胞，也由溶酶体出马。

当然，工厂也会扩建，建立分厂。细胞也会按照自己的样子"变"出另外一个细胞，这个过程叫作细胞分裂。细胞分裂时需要依靠中心体。

中心体是动物细胞分裂的牵引器。

它可以帮助细胞分裂时完成遗传物质的平均分配。

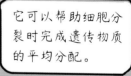

细胞的"指挥部"——细胞核

最后,我们要去细胞核处看看,它是整个细胞工厂的指挥部。细胞所有的活动运转,都离不开细胞核的指挥。

快点儿爬。

细胞核上有许多小孔,是各种物质进出的通道。

细胞核里面有一个很小很小的圆球,叫作核仁。

核仁最主要的作用就是生成核糖体。

你还记得核糖体吧?它们是蛋白质生产车间。

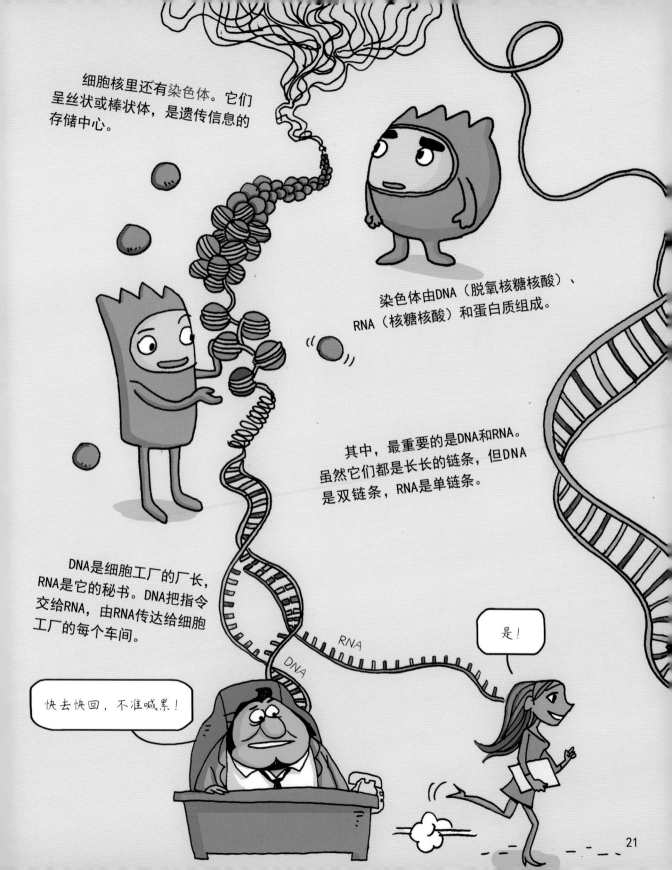

细胞核里还有染色体。它们呈丝状或棒状体，是遗传信息的存储中心。

染色体由DNA（脱氧核糖核酸）、RNA（核糖核酸）和蛋白质组成。

其中，最重要的是DNA和RNA。虽然它们都是长长的链条，但DNA是双链条，RNA是单链条。

DNA是细胞工厂的厂长，RNA是它的秘书。DNA把指令交给RNA，由RNA传达给细胞工厂的每个车间。

RNA

DNA

是！

快去快回，不准喊累！

植物细胞的不同

我们周围有许多植物和动物，它们是截然不同的，构成它们的细胞也有些不一样。

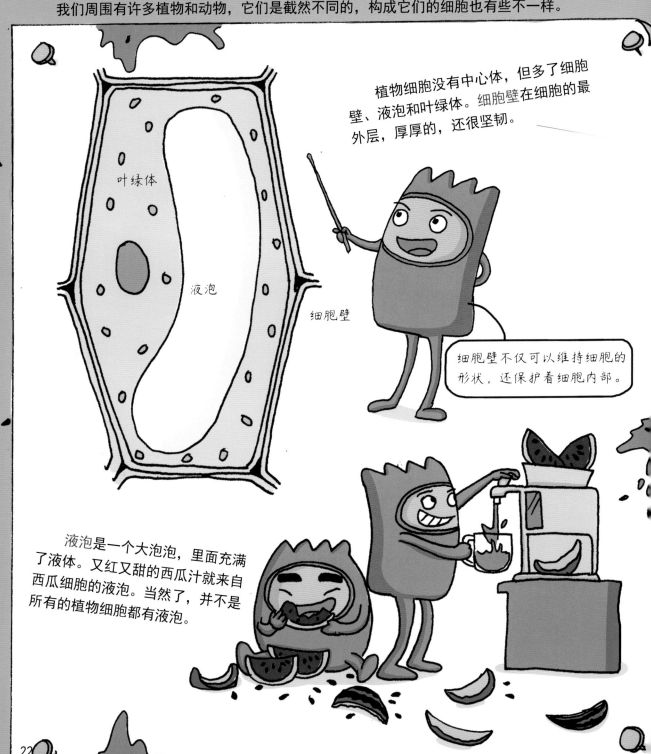

植物细胞没有中心体，但多了细胞壁、液泡和叶绿体。细胞壁在细胞的最外层，厚厚的，还很坚韧。

叶绿体

液泡

细胞壁

细胞壁不仅可以维持细胞的形状，还保护着细胞内部。

液泡是一个大泡泡，里面充满了液体。又红又甜的西瓜汁就来自西瓜细胞的液泡。当然了，并不是所有的植物细胞都有液泡。

叶子通常都是绿色的，是因为
植物细胞中有绿色的叶绿体。

叶绿体像是一个大氧吧，可以进行光合作用。
它利用太阳光，把吸收的二氧化碳和水转变成有机
物，同时释放出氧气。

氧气

水

阳光

二氧化碳

光合作用

叶绿体的光合作用意义非凡，它为地球不断地
补充氧气，保证了生物的生长和生活。同时，它能
制造有机物，为动物提供食物。

细胞形状图鉴

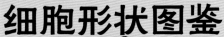

细胞的结构虽然大致是一样的，但形状、大小和功能却千变万化。

不同形状的植物细胞

球形细胞

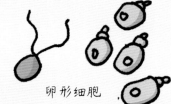

卵形细胞

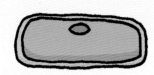

方形细胞

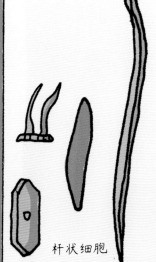

杆状细胞

柱状细胞

星状细胞

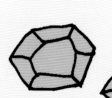

多角形细胞

不规则形细胞

24

不同形状的动物细胞

动物不同部位的细胞，形状也相差很大。

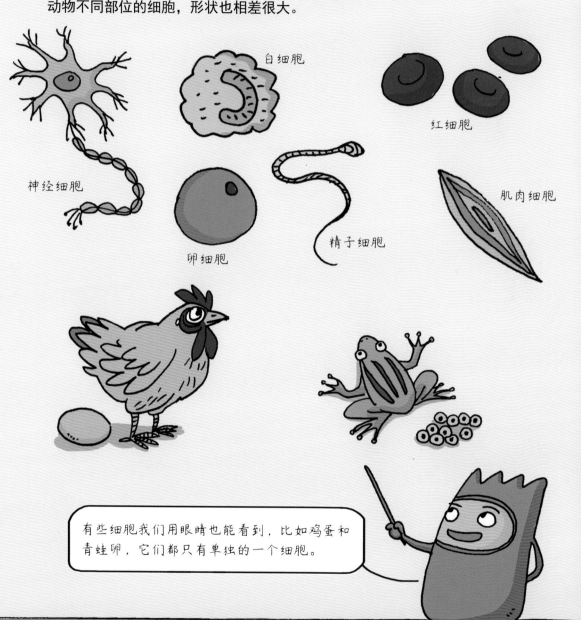

白细胞

红细胞

神经细胞

卵细胞

精子细胞

肌肉细胞

有些细胞我们用眼睛也能看到，比如鸡蛋和青蛙卵，它们都只有单独的一个细胞。

细胞如何变成生物

绝大多数生物最初都是从一个受精卵开始的。受精卵是一个精子细胞和一个卵子细胞经过受精后变成的。

这么一个小不点儿，能变成各种生物？

细胞能变成一个生物，是因为它可以从周围环境中吸收营养，然后转变成自身的物质，体积会由小变大，这就是细胞的生长。

你长胖，就是因为你身体的脂肪细胞数量变多、体积变大啦！

现在，我们就一起去看看人类受精卵的"变身"吧！

细胞分裂

细胞不能无限制地长大，它们长到一定的大小时就会进行分裂。受精卵分裂就是一个变成两个，两个变成四个，四个变成八个……最终变出好多相同的细胞。

细胞分裂是变成生物的第一步。

细胞分化

细胞起初分裂出的形态、结构都很相似，并且都有分裂能力。但后来，就只有小部分细胞还有分裂能力了，大部分细胞则会进行"变身"，这种在形态、结构、功能上发生差异性变化的过程，叫作细胞分化。

这里太乱了，咱们把不同样子的细胞分一分。

细胞群形成组织

细胞分化后，那些已经分好类的细胞，形态、结构和功能都相同，它们联合在一起后，可以组成一个个庞大的细胞群，这就叫组织。人体有四种基本组织，它们分别是上皮组织、肌肉组织、结缔组织和神经组织。

肌肉细胞可以组成肌肉组织。

组织组合成器官

人体有许多的器官，比如，眼睛、耳朵、鼻子、舌头，还有藏在身体里的心、肝、胃等。不同的组织相互结合，形成具有特定功能的结构，就叫器官。

器官构成系统

　　组织组成的器官虽然各自不同，但其中有一些是为了共同的目标在工作。比如咽喉、胃、肠道都是为了消化食物和吸收营养。这样的器官可以按照特定次序组合在一起，就构成了系统。它们就像不同的机器组成的生产线一样，为整个人体服务。

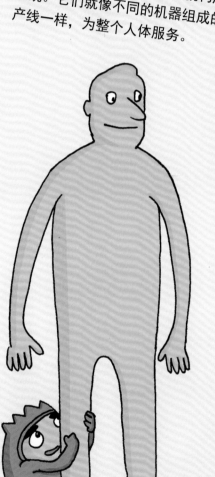

系统拼合成人体

　　人体中包含消化系统、运动系统、呼吸系统、循环系统、泌尿系统、神经系统、内分泌系统、生殖系统等，它们既分工又协作，共同组成一个完整的人体。

每一个系统、每一个器官、每一个组织，甚至每一个细胞都能分工明确，协调配合，生物才能"活"起来。

细胞　　组织　　器官

根、茎、叶、花、果实和种子，是植物的六大器官。

那植物是怎么构成的呢？比如一株黄瓜。其实，过程也跟人体的发育差不多，只是植物可以由器官直接组成。

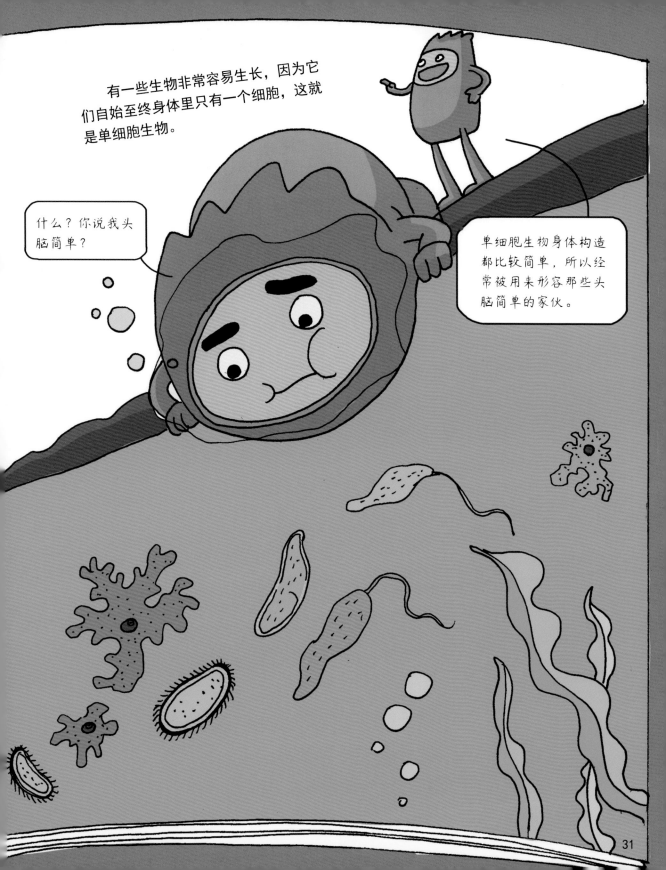

细胞也会变成坏蛋

现在，你对细胞已经有所了解了，它们勤勤恳恳、努力工作。

可在一定的条件下，一些细胞会变成可恶又可怕的坏蛋——癌细胞。

正常的细胞在分裂时，碰到其他细胞就会停下来，而癌细胞这时不仅会无限分裂繁殖，还会蛮横地挤占其他细胞的空间。

癌细胞越来越多，就会聚在一起形成一个肿块，像一座难以攻克的城池，谁都拿它没办法。

癌细胞破坏了原本的组织后，还会去侵犯其他的器官。最后，它们会顺着血液，跑到身体的其他地方继续搞破坏。

我们的目标是，攻占每一个角落！

我是最厉害的。

癌细胞的破坏会诱发癌症，导致生物死亡。比如我们人类，每年都有很多人被癌症夺去生命。

坏蛋，游戏结束！

好消息是，随着医学的发展，癌症正在一点点被攻克。相信在不远的将来，这些坏蛋会被彻底消灭。

生物达人 小测试

看完这本书，我们知道了细胞是生物体结构和功能的基本单位。那么，你了解细胞是如何变成生物的吗？它们是怎样从小长到大的？它们会衰老和死亡吗？现在就来挑战一下吧！每道题目1分，看看你能得几分！

按要求选择正确的答案

1.人体细胞同植物细胞明显的区别是（　　）。
　　A.呈圆形　　　　B.没有细胞壁　　　C.没有细胞质　　　D.细胞形态差别大

2.我们用肉眼看不到的细胞，可以通过（　　）来观察。
　　A.显微镜　　　　B.放大镜　　　　　C.照相机　　　　　D.手机

3.细胞中，合成蛋白质的直接场所是（　　）。
　　A.线粒体　　　　B.核糖体　　　　　C.叶绿体　　　　　D.液泡

4.在生物的细胞内，储存遗传物质的主要场所是（　　）。
　　A.细胞壁　　　　B.细胞膜　　　　　C.细胞核　　　　　D.细胞质

5.我们吃的苹果实际上是（　　）。
　　A.营养器官　　　B.输导组织　　　　C.营养组织　　　　D.生殖器官

判断正误

6.细胞是生物体结构和功能的基本单位。（　　）

7.细胞液就是细胞膜以内的液体。（　　）

8.动物细胞中没有叶绿体，植物细胞中没有线粒体。（　　）

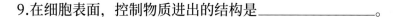

9.在细胞表面，控制物质进出的结构是＿＿＿＿＿＿＿＿＿。

10.我们吃的麒麟瓜甘甜可口，西瓜汁主要存在于细胞中的＿＿＿＿＿＿＿＿＿内。

你的生物达人水平是……

10分 哇，满分哦！恭喜你成为生物达人！说明你认真地读过本书并掌握了重要的知识点，可以自豪地向朋友展示你的实力了！

7~9分 成绩不错哦！不过，在阅读的过程中，你可能记错或者弄混了一些知识点，将错题再核对一下吧！

4~6分 你是不是只读了那些非常精彩的部分？有些知识点是我们在以后的学习中会遇到的，还是需要好好精读哦！

0~3分 分数是不是有点儿低？没关系，细胞的结构确实有些复杂，重新仔细阅读一下本书的内容吧！相信你会有新的收获。

词汇表

细胞

细胞的英文是cell，是组成生物体结构和功能的基本单位。

细胞核

一般位于细胞中央，近似球体或椭球体的东西，是存储遗传物质的主要场所。

线粒体

细胞质中的一种细胞器，是细胞的"发动机"。

核糖体

呈椭球体的细胞器，合成蛋白质的重要基地。

内质网

细胞质中由膜构成的网状管道细胞器，有的上面附着有核糖体，有的没有。

中心体

位于细胞核附近的细胞器，由两个垂直的中心粒组成，主要存在于动物细胞和低等植物细胞中。

液泡

植物细胞中的泡状细胞器，体积可以占到整个细胞的90%。

叶绿体

植物细胞中的细胞器，叶绿体含有叶绿素，所以植物的叶子大都是绿色的。

癌细胞

细胞中的"叛徒"，可以无限繁殖，破坏其他正常细胞。